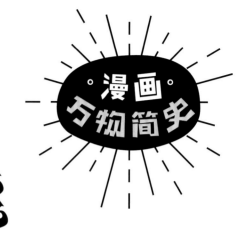

千万不能 没有互联网

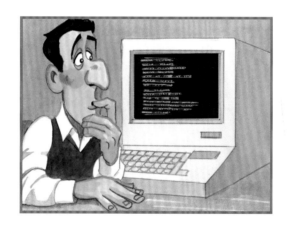

[英]安妮·鲁尼 著

[英]马克·柏金 绘

张书 译

中信出版集团|北京

图书在版编目（CIP）数据

千万不能没有互联网 /（英）安妮·鲁尼著；（英）
马克·柏金绘；张书译 . -- 北京 : 中信出版社，
2022.6（2022.8重印）
（漫画万物简史）
书名原文 : You Wouldn't Want to Live Without
the Internet!
ISBN 978-7-5217-4053-0

Ⅰ . ①千… Ⅱ . ①安… ②马… ③张… Ⅲ . ①互联网
络 - 青少年读物 Ⅳ . ① TP393.4-49

中国版本图书馆 CIP 数据核字 (2022) 第 035708 号

千万不能没有互联网
（漫画万物简史）

著　　者：[英]安妮·鲁尼
绘　　者：[英]马克·柏金
译　　者：张　书
出版发行：中信出版集团股份有限公司
　　　　　（北京市朝阳区惠新东街甲 4 号富盛大厦 2 座　邮编　100029）
承 印 者：北京尚唐印刷包装有限公司

开　　本：889mm×1194mm　1/20　　印　张：2　　字　数：65 千字
版　　次：2022 年 6 月第 1 版　　印　次：2022 年 8 月第 2 次印刷
京权图字：01-2022-1462　　　　　审 图 号：GS（2022）1610 号（此书插图系原文插附地图）
书　　号：ISBN 978-7-5217-4053-0
定　　价：18.00 元

出　　品：中信儿童书店
图书策划：火麒麟
策划编辑：范　萍
执行策划编辑：郭雅亭
责任编辑：房　阳
营销编辑：杨　扬
封面设计：佟　坤
内文排版：柒拾叁号工作室

全世界都在用互联网

互联网普及率

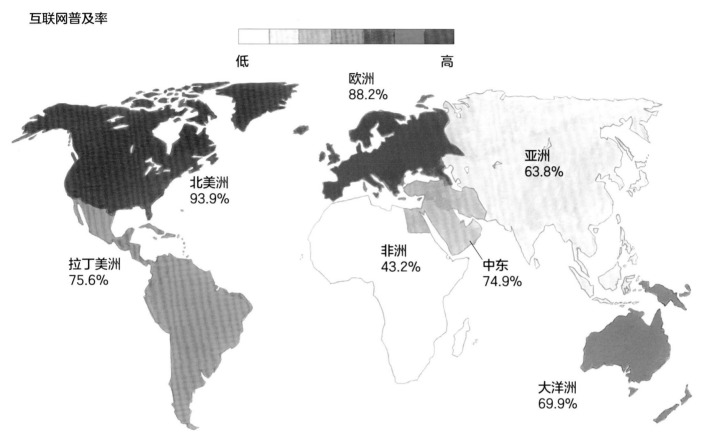

低　　　　　　　　高

欧洲
88.2%

北美洲
93.9%

亚洲
63.8%

拉丁美洲
75.6%

非洲
43.2%

中东
74.9%

大洋洲
69.9%

　　据数据统计，亚洲的互联网用户占亚洲人口的 63.8%。

　　在北美洲，互联网普及率为 93.9%。

　　欧洲有近九成，也就是 88.2% 的用户在使用互联网。

　　大洋洲互联网使用者占 69.9%。

　　中东有 2.66 亿互联网用户。

　　拉丁美洲有 6.6 亿互联网用户。

　　非洲的互联网用户，占总人口的 43.2%，相当于十个人中只有四个人使用互联网，是目前互联网普及率最低的地方。

　　注：以上数据主要来源于互联网世界统计 (IWS)，北美洲数据主要包含美国及加拿大，亚洲、非洲及欧洲数据中不包含中东地区数据。

（2021 年数据）

互联网大事记

1822 年

查尔斯·巴贝奇制成第一部可编程自动计算机——差分机。

1963 年

首次使用计算机可识别的 ASCII 码（美国信息交换标准码）来代表字母和数字。

1971 年

雷·汤姆林森发送了世界上第一封电子邮件，但是他却忘记自己写了什么。

1896 年

莫尔斯码首次通过无线电成功发送。

1969 年

互联网的前身——阿帕网上传输了世界第一条信息。

20 世纪 40 年代

位于英国布莱奇利庄园的巨人计算机是世界上第一台电子数字可编程计算机，它成功破译了德军的密码。

20 世纪初

智能手机把互联网延伸到了移动端。

1989 年

蒂姆·伯纳斯·李提出了万维网的概念。

1993 年

"马赛克"网页浏览器将网络带给大众。

2015 年

在国际空间站，航天员根据从地球上以电子邮件的形式发来的文档，用 3D 打印机打印出了一把扳手。

1977 年

苹果 II 型计算机成为第一台普及的个人计算机。

约 2004 年

Web2.0 时代到来，用户可以建设自己的网站内容。

目录

导言

如果你想知道非洲食蚁兽长什么样，或者如何制作万花筒，又或者哪个星球上最可能有外星人，你会去哪里寻求答案呢？恐怕是去网上吧！

过去的 20 多年里，互联网已逐渐成为我们搜寻信息的第一选择，尤其是其中的万维网。我们上网不仅仅查资料，也会浏览视频、回看电视节目、与工作伙伴联络、与朋友交流、进行网上购物、展示自己喜欢的照片等，真是丰富多彩。我们可以用台式计算机、笔记本计算机上网，也可以用平板计算机、手机甚至手表上网。你的生活离得开互联网吗？你愿意吗？敢不敢试一下？

安全上网

上网之前，先阅读一下 28 页关于安全上网的小知识。

别担心，你还是可以查阅书籍的！

1

到底什么是互联网?

互联网和万维网是一回事吗?人们经常把它俩混为一谈。互联网是一种连接计算机的物理网络;万维网则是计算机中的大量相互链接的文件集合。我们在网上分享、复制、浏览、传输信息时,网络活动一直在热火朝天地进行。它不眠不休地忙碌着——有时候部分网络也会因超载而变慢,就好像大批数据遭遇了堵车。

互联网不仅仅是万维网的家,各种各样的数据也不停地在互联网上传输着。你每次发邮件或即时消息、上传文件到云盘或是在家用游戏机上玩线上游戏,其实都是在使用互联网。

电影院
（网络视频）

电影院

街头演讲者
（博客）

精品图书

书店
（电子书商城）

信息会转化为数字串传输出去。接收端的另一台计算机再将数字串重新转化为我们能看懂的信息,但是我们看不到这中间的数字。

就像高速公路一样,互联网可以选择不同路线到达每个地方。有时真是超级忙!

2

邮局
（电子邮件服务提供商）

超市
（网络零售商）　大卖场

仓库
（网络文件存储）

图书馆
（各种数据库）

日常交谈
（社交网络）

原来如此！

计算机通过有线网络或无线网络连接到互联网。在家能上网，是因为路由器连接了埋在地下的线缆网络，你的手机、平板计算机和其他设备通过无线网络与路由器进行无线连接，实现上网。

互联网就好比数据的道路网，也就是**信息高速公路**，那里有数不清的数据包向四面八方飞驰。

路由器则像是路上的交警，指挥着互联网中的交通，选择数据传输的最佳路线，避免堵车和交通事故。

服务器其实就是高性能计算机，存储着信息的同时根据请求向外发送所需内容。这很像仓库根据订单向外发货。

文件传输时先被分解成小块发送出去，然后在另一端接收时再被重新组合起来。就像你把拼图玩具拆散后，再把一块块的拼图寄给朋友。

我们如何利用互联网?

你几乎可以随时随地上网，无论是在山顶上，还是远航的船上，只需随便带一台联网设备。

我们很快就对互联网产生了依赖。娱乐，交流，购物，储蓄，购买保险，获取新闻……所有让社会正常运转的事情，我们几乎都可以依靠互联网。

你在互联网上几乎**可以买到任何东西**，从陨石到宠物（不过首先得有你爸妈的同意）什么都有。当然，大多数人从网上买的都是普通商品，比如书籍、游戏服务、服装、食品、旅游产品和音乐服务。

各取所需，棒极了！

尝试一下！

你家里有多少可联网的设备？画个表列出来吧！比如台式计算机、笔记本计算机、平板计算机、手机和游戏机等。再写上你都用它们做什么，它们的用处是不是各不相同？

你喜欢收看什么内容？喜欢听什么音乐？不管是什么，网上都可以找到。想看树懒宝宝玩耍的画面？想听听呼麦唱法？一样没问题。上周错过了最爱的电视节目？放心，互联网就是你的时光机器！

嗨，爷爷！

网络游戏既可以一个人玩，也可以和附近的朋友一起玩，甚至可以跟世界另一端的人一起玩！

如果你想学习弹吉他，网上提供了各式各样的教程。当然也可以利用互联网写作业。

无论你的朋友或家人在世界的哪个地方，你都可以在网上和他们聊天，还可以使用社交软件、短视频平台等社交媒体向所有人分享你感兴趣的东西。

没人相信你的狗狗可以玩滑板？拍个视频发到社交媒体上或用共享文件，就能让他们亲眼瞧瞧了！

5

在没有网络的时代，人们如何分享信息呢?

在互联网出现之前，世界并不是没有信息。几千年前，人们就用语言进行交流了。后来出现了文字，交流方式就不限于面对面了，而印刷术则让信息交流更加便利。接着无线电和电视让远程交流得以实现。现在人们甚至可以从太空中或其他星球上收看视频直播——沟通方式的进步确实很大。

阅读的真正流行得益于 1450 年左右约翰尼斯·谷登堡发明的欧洲第一台活版印刷机，印刷的书籍迅速盛行起来，到处可见。

①排字工正在装排活字

③印刷工取走印好的纸张

②印刷工给压印板上墨

用于压紧压印板的螺旋杆

压印板

最古老的文字有五千多年历史了，是古代的苏美尔人用芦苇笔在泥版或石头上写下的。现在，我们用触控笔或手指在平板计算机上写字，似乎又回到了这种原始的书写方式了！

在过去**数百年的时间**里，人们都用鹅毛笔写字。使用这种笔，每写几个字就要蘸一下墨水，所以要写完一本书需要很长时间。

无线电技术（见左下图）是1896年发明的，最早仅用于发送莫尔斯码——一种由点和线组成的密码。1906年，有声广播诞生于美国的马萨诸塞州。

电视是20世纪20年代的产物，最初还是黑白的。

约一千年前，中国诞生了**最早的活字印刷**，最初为泥活字，后来渐渐发展出木活字、金属活字。中国常用汉字的数量成千上万，一个木块对应一个汉字，印哪个字就用哪个活字木块。

7

计算机是如何诞生的！

设想一下，如果所有的数学运算都要人工进行，得需要多少时间啊！正因为如此，人类才发明了自动计算机械。但每次计算还是需要人工把任务分配给机器，编程的出现解决了这一难题——编制好一系列供机器执行的指令后，机器就会自动运作。

第一部编程控制的机器是可以编织图案的织布机。现在，有了计算机和编程，包括织布机在内的很多机器都在自己干活。

自古极客出少年。1642 年，19 岁的布莱士·帕斯卡发明了第一台机械计算器——加法器。

查尔斯·巴贝奇的想法更为先进，他于 19 世纪 20 年代设计出了世界上第一部可编程的计算机，也叫"差分机"。很可惜他筹集的资金不够，没能把它成功建造出来。直到 2002 年，这个机器才在伦敦博物馆复原完成。差分机是机械装置——完全不用一点儿电！

没想到计算得如此精确！

"一连串"打孔的卡片

1801 年雅卡尔织布机利用预先打孔的卡片作为"程序"来控制织布过程。早期的电子计算机也利用了相似原理。

原来如此！

程序其实就是供计算机执行器的一连串的指令。一个网页浏览器就有五千万条指令——打印出来得有 90 万页纸。

哎哟喂！

最早的计算机技术和**代码破译**有关。第一台建造出来的可编程计算机叫作"巨人"（见右图），诞生于英国的布莱奇利庄园，为二战时破译德军密码而发明。

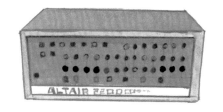

世界上**第一台个人计算机**是"牛郎星 8800"（ALTAIR8800），它没有屏幕、键盘，也没有鼠标——只有一些指示灯和开关。更没有视频可以看！

用**鼠标**操作计算机已经是我们习惯的做法。1983 年，第一台有鼠标和桌面的计算机诞生了，它的名字叫丽莎。

数学天才阿达·洛芙莱斯伯爵夫人为巴贝奇的机器编制了程序，但是没能进行试验。

9

互联网是从哪儿来的？

"千里之网，始于阿帕。"互联网的先驱就是1969年的阿帕网，当时只连接了四所美国大学，用于共享研究资源，同时作为战争或自然灾害时的应急沟通手段。阿帕网早期发展缓慢，只是由大学及实验室的计算机组成的小范围的局域网。后来数个独立的局域网彼此连接，才演变成了互联网。

现在互联网覆盖了整个世界，甚至延伸到了太空。

电子邮件最早出现在1971年，之后有了很大的发展，1973年时阿帕网75%的流量都是电子邮件。如今，人类每天发送约3000亿封电子邮件，不过绝大部分都是垃圾邮件。

西海岸的大学　阿帕网

东海岸的大学

在下雪的日子里你会做些什么？1978年，沃德·克里斯坦森在下雪天搭建了CBBS平台，这是第一个公告板系统，人们可以用来发布信息。

博客和社交网络从1980年的新闻组发展而来，这是一个分享信息的系统，成员可以在上面发布特定主题的信息。

咖啡煮好了，我们去享用吧！

好嘞！

有了**网络摄像头**，我们可以远程观看玩耍的大熊猫，还可以看到火星探测器的工作。1991年，英国剑桥大学里安装了第一台网络摄像头，用来监控咖啡壶。

看这里！

1983 年，很多用户不小心下载了 ARF-ARF 病毒，病毒删除了所有文件。一定要确保你的设备可以抵御现代的网络病毒。

啊啊啊！

引领时代潮流：1976 年，英国女王伊丽莎白二世成为第一个发送电子邮件的国家元首。

"出剑"

熬夜打游戏可不是什么新鲜事。最早的游戏是全文字的冒险游戏，里面会有骑士、斗士和恶龙（当然少不了噼噼啪啪地打字）。不过，这可不是什么好习惯。

航天员约翰·格伦在"发现号"航天飞机上度过了自己的 77 岁生日，时任美国总统比尔·克林顿向身在太空的他发送了"生日快乐"的电子邮件。

如果使用平板计算机或者手机时需要一直**连着网线**，那得有多麻烦！幸好，现在的大部分设备都可以用无线网络连接，但是早期的计算机都需要线缆连接。

万维网是怎么"织"出来的?

我们的生活已经离不开万维网，但它当初差点被扼杀!

万维网的发明者是英国科学家蒂姆·伯纳斯·李。他当时就职于瑞士的欧洲核子研究组织（CERN），这项发明本意是方便全世界各地的同事共享文件资料。那是1989年，他想出了一个好办法，想将存储在联网的计算机上的信息放在相互链接的页面上，于是向公司提出了研发申请。上司并不看好这项提议，认为这个项目不值得公司投入，因为这只是一个模糊的想法，让他利用自己的私人时间研究。

如果我们看不见网页，那它就毫无用处。伯纳斯·李在欧洲核子研究组织开发了一款显示网页的浏览器。而真正让万维网流行起来的是马克·安德森团队1993年研发的"马赛克"浏览器。

想法不错，但不够具体。

尝试一下！

伯纳斯·李小时候用旧纸箱制作了玩具计算机。你何不也用硬纸板做一台你心目中的计算机呢？你能用这台计算机做些什么呢？

1991 年**第一个网页**还真有点枯燥乏味（见上图）：上面没有可爱的大熊猫，只有其他 25 个网页的文本链接。如今，万维网上已经有几千亿个网页了。

万维网一出来就有人用它**搜集乐队信息**了。1992 年，网页上第一张图片是女子乐队 "Les Horribles Cernettes" 的照片。

最早的搜索引擎诞生于 1994 年。在那之前，只有列表和目录，在搜索信息时就像在偌大的图书馆里找寻一页纸！

Web 2.0 有什么优势？

万维网刚开始只是单向输出，就和电视、收音机一样：由专业人士将信息、图片和视频资料放到网上，一般人只能浏览。如今大家都能参与其中，万维网的互动性更强了，我们称之为 Web 2.0，人人都可以上传、分享文件和照片。可以干的事除了看社交网络、发视频，还可以评论新闻事件及创建自己的网站。28 页的小知识教你如何安全上网。

每个人都是一个电视台！当你看到有趣的事情，马上就可以将图片或视频分享给他人。假如你不能亲自去南极，至少你能在网上欣赏到其他去过的人上传的趣事。

终于能让大家听到我的心声了!

尝试一下!

你最感兴趣的东西是什么呢?海豚,音乐,还是汽车?上网搜索一下,不要只停留在初步的搜索结果上,尽你所能找到并关注相关的优质信息。

互联网 2.0 时代欢迎每个人都参与其中。住在遥远或偏僻地方的人们,也可以关注重要的事,讨论国家大事。对普通百姓来讲,网络给了他们力量。

社交网络让我们能随时随地了解好友生活的点点滴滴。

想成为**舞蹈家或是音乐家**?现在就开始吧! 将你的才华录制下来,分享给大家欣赏吧!

没想到还有这么多人也喜欢织章鱼玩偶!

无论多么**稀奇古怪**的兴趣爱好都能在网上找到同道中人。那里连接着整个世界——你总能找到志同道合的朋友。

你遭受欺凌了吗?

无论你有什么困难,都能在网上找到人聊一聊,或者寻求专业人士给你提供帮助或建议。

网络是一把双刃剑!

只要你有办法,就能在互联网上找到任何东西。互联网是世界上最大的图书馆,不用借书卡就能进入,而且它就在你自己家的计算机或手机里。只是有个小问题:任何人都可以把内容放到网上。有些东西很有价值,有些则完全是垃圾,甚至是严重误导性信息。

互联网一直在发展。2010 年时,互联网上两天增加的内容就有 2002 年整年那么多。我们不可能把所有的信息都浏览一遍,要找到需要的东西得有高超的搜索技巧。

不论你**想知道什么**，一定能找到相关的网页。网页上有图片和视频，方便一步一步地学习。反复观看也不是问题，学校里的教师可没有这样的复读功能。

外星人入侵了？网上一定马上就有相关报道。新闻在网上传播得超级快，而且会实时更新。

普通人也能在网络上报道大事件（见右图）。这下人们能获得的信息更多了。你也可以尝试尝试！

常识：如果网上的内容看着不大对，不要轻易相信！再去查查别的资料，看看是否有不同的说法。

就算你住的地方前不着村后不着店，你也可以去请教互联网这所无边的学校！而且它就近在指尖。

> 这个菜谱肯定有问题！

虚拟世界

万维网是另一个（或者很多个）世界——虚拟的世界。你可以沉浸在游戏的幻想国度里，独揽一个小岛或者在古老的埃及统领帝国；也可以在虚拟的环境下学习。医生研究人体构造，飞行员学开飞机，这些在网上都可以实现。这个虚拟的世界远远不止于游戏和娱乐。

我们来看看这个位置的内部是怎样的！

虚拟货币可以用于网上支付，通常是购买虚拟商品，比如怪兽宠物的口粮。但是也要省着点花，毕竟虚拟货币也是花钱买来的！

在虚拟世界中可以**学习**真本事。实习医生可以不用解剖就能探索人体内部结构。

看这里！

记住，网络之外是现实世界！在虚拟世界玩乐和学习之余，也要稍作休息，回归户外去动一动是很有好处的。

驾驶模拟飞机是仅次于驾驶真飞机的体验，可以学习飞行的所有技能而且不会有生命危险。真正的飞行员在面对真实飞机和真实乘客之前都会在飞行模拟器上学习。

外科手术用的机械手臂，可由医生远程操作，对于处理海上或者太空的事故很有帮助。

冷静一下：即使是在虚拟世界中遇到不顺心的事情，也会让你很恼火，玩太多网络游戏可不是好事。

该休息一下了！

共享——不管你愿不愿意

互联网的诞生源于研究人员共享信息的需求。如今我们在网上可以分享任何东西，很多人也已经在与大家分享各种东西了。生活的点滴可以分享到社交网络，照片和视频都可以发上去。每个人的各种信息被不同的机构存储在网上，根据规定分享给需要使用这些数据的人。好像总有人在盯着我们。这样会不会有问题？

分享是个好事，但不能过度。我们也需要隐私，谁都有不想让别人知道的事情。想想都有谁掌握你的信息？又有多少人可以看到这些信息呢？

和朋友、家人分享照片是好事儿。但要学会与隐私有关的设置，保障你的图片安全。

假如**遇到意外事故**，互联网能帮助急救人员马上获取病人的健康信息。这些信息至关重要！

留心照片中的信息——不要泄露了自己的学校或家庭地址。在网上小心一些也是为了在现实中免受伤害。

如果你把这种头戴水母帽子的搞笑照片**发到网上**，就别想撤下来了——所以分享图片前要三思。没有别人的允许千万不要发别人的照片，你觉得很好笑的照片可能令别人不开心。

看这里！

网上有很多免费的音乐、歌曲、电影、书籍，但有些是盗版的（未经所有权人允许，盗取并擅自上传到网上的）。下载盗版内容是违法行为，也是对别人劳动成果的不尊重。

万维网有时会记录你的**浏览历史**，并将其分享给广告商。然后你可能会遭遇广告轰炸，广告内容也许是你可能感兴趣的商品，也许是你不喜欢或者已经买过的商品。

哎哟！早知如此，当初就应该花钱买正版！

网络分享是一个展示自己的好机会。有些乐队在网上分享自己的歌曲，以此宣传线下的现场演出。

记得关注我们！

下载**盗版内容**还有一个安全方面的风险：非法的下载渠道很可能包含病毒，会破坏文件或计算机系统。

地球村

"**地**球村"说的是互联网连接各地的人们，把世界"缩小"了，大家都成了邻居。坐在英国或者美国的家中，就可以了解澳大利亚某个沙滩上的天气如何；在中国可以和秘鲁的朋友聊天；你可以发起拯救犀牛的运动，或者为遥远的村落获取水源。看到地球另一端的事就像望向窗外一样容易。互联网可以拉近人与人的距离。

了解他人的生活方式能让我们更包容。如果我们经常在网上跟其他人互动沟通，就不会再轻信那些针对他们的歪曲言论。假如你和同样爱钓鱼的朋友分享各自的经历，你可能也很难讨厌他吧。

很多亚马孙雨林里的印第安人都在使用互联网。

他捉的比你的大！

世界各地的人们都在分享他们的经历，时时刻刻都会有人掏出手机在拍。

尝试一下！

上网寻找一个你也热衷的社会活动，尝试参与其中。如果找不到，发起你自己的活动吧，你也可以改变世界！

你看了吗？网上说的那件事？

我没有计算机啊……

网上的内容**越来越多**，没有互联网的人会感到消息闭塞，他们难以获得信息，难以参与到社会生活中。

商家会在网上进行促销，所以上不了网的人可能会错过优惠而多花冤枉钱。

互联网让社会活动全球化。你的某个活动，世界另一端的人也能参与，而在互联网出现之前，他们对你热衷的这些活动可能都不知晓。

五折！

你想过没有互联网的生活吗？

假如明天全球断网，世界就会陷入一团混乱——银行、应急服务、医疗、教育、娱乐，甚至去商店买食物都依赖着互联网。然而仅仅40年前，互联网还仅限于小部分人做生意或做研究时使用。

"物联网"（IoT）开启新的时代，更多常见的设备都连接到了互联网中。比如汽车、家用电器及安保系统。互联网可以帮我们控制的东西越来越多，我们的生活还真不能没有它！

欢迎回家！
晚饭做好了。

你想不想来一个可以**自动订购食物**的冰箱？未来的厨房能否实现从来不缺新鲜牛奶？传统的实体超市是不是要被淘汰了？

可穿戴设备可以上传你的运动情况和身体状况。这种小玩意儿已经慢慢流行起来了呢。

尝试一下！

试试一整天不上网！不看网页、不玩网络游戏、不看视频或电视、不用社交软件……断网的感觉如何？

智能住宅可以自动运行。你回家的路上，温度调节系统就会自动开启；你出门时，灯还会自动熄灭。不仅有趣，而且节能，对环保也是好事。

仍然有一部分人上不了网。某些国家还没有普及**互联网**。

互联网已经扩展到太空了。深空网络能够与遥远的宇宙飞船通信。有些飞船还有自己的社交网络主页。

25

词汇表

阿帕网：早期的美国计算机网络，后发展为互联网。

病毒：本书中指蓄意侵入计算机或网络的一种程序，可盗取其中信息或破坏设备正常运行。

程序：使用计算机代码书写的一串指令，供计算机执行。有些程序非常长、非常复杂，比如图像处理程序和网页浏览器。

鹅毛笔：用中空的羽毛做成的一种笔。

公告板系统：一种供用户在不同主题下发布信息、发表对公告或新闻意见的网站。

活字印刷：一种古老的印刷技术，每个活字木块或金属块对应一个字。印刷完成后，即可将活字拆除，重新组装后仍可继续使用。

可穿戴设备：如同衣服或饰品一样可穿戴于身上的设备，比如手表或手环，可以连接至互联网。

可联网的设备：任何能够接入互联网的设备，比如计算机、智能手机和网络摄像头。

路由器：计算机（或无线网络）能通过它连接至互联网。

浏览器：一种用来展示信息并实现与网页交互的客户端程序。

欧洲核子研究组织：缩写为 CERN，位于瑞士的日内瓦。

搜索引擎：通过复杂而全面的索引数据库将搜索结果显示至网页上，供用户检索使用，可用来检索特定主题。

苏美尔：已知最早的文明发源地。位于底格里斯河和幼发拉底河之间，在今伊拉克境内。

数据：原始的信息，包括事实资料、表格、图片、音频或视频。

三维打印：三维打印机根据接收的文件，使用塑料或其他材料实际构造某一物体的过程。

社交网：通过社交媒体网站与他人联络和分享文件，大多用于娱乐而非工作。

文件：存储于计算机的文件，比如文本文件、图片文件、电子表格或视频片段。

网络摄像头：录像机或摄影机接入互联网后，将拍摄画面呈现在网页上供人们浏览。

虚拟的：非现实的，本书中指由计算机根据现实模拟出来的。

压印板：印刷机中的扁平部件，将纸张紧贴在上墨的印刷块上。

云存储：将文件存储在联网的远程服务器端，可代替硬盘或本地网络硬盘的功能。

在线：接入互联网或可上传至互联网。

安全上网小知识

- 互联网给我们带来很多欢乐，但也存在危险。请参照以下准则，保护自己上网时的安全。

- 上网的时候绝不泄露真实的个人信息，比如你的全名、住址和学校。

- 如果网上有人对你说的话让你感觉不舒服，或者有些内容使你心烦意乱，赶紧告诉你信任的成年人，比如父母或者老师。

- 可别上传一些你以后会后悔的东西，比如难堪的照片或者你干的蠢事。丑事传千里，一糗好几年。

- 不要发表尖酸刻薄或者使人尴尬的东西，这是网络暴力行为。

- 离开电脑前要从你的账户和网页上退出登录，避免被人冒用。

- 设置的密码应是不容易被人猜到的，密码也不要记在显眼的地方。

- 不要轻易跟网上结识的人见面，如果有人要求跟你见面，一定要告诉父母，请他们来判断。要记住，知人不知面也不知心，在网络上你很难了解他人的真面目。

令人疯狂的互联网数据

万维网上有近十亿个活跃网站。

世界上有超过一百亿个可联网设备（台式计算机、平板计算机、手机等），而使用互联网的人也就三十亿。

互联网上每秒发送的数据有 26000GB（1GB 为十亿字节）。

每秒钟发送的数据中包含 240 万封电子邮件，大多数是垃圾邮件。

一款常用的搜索引擎每小时承载 173000000 次搜索。

大多数国家互联网的"高峰期"在晚上七点到九点之间，此时为下班或放学后的时间，大家都有空可以上网。

网络用户中有八亿使用英语，大约七亿使用汉语，接下来使用最多的语言是西班牙语和阿拉伯语，各有一亿三千六百万人。

互联网可以说是瞬息万变，有些信息在你阅读的时候就已经发生了变化。

他们把这些照片早早发来了，躲过了高峰时间。

你知道吗?

- 互联网并不属于任何个人，也不是由某个人来运营的。我们都可以创建网页和微博等，将信息放到网上。

- 使用互联网以及维持互联网运行所耗费的电量占全世界用电的 10%。不过互联网通过很多方式帮我们节省了能源。

- 据说至今年龄最大的互联网用户是凯瑟琳·杨（原名郑珣），她在 97 岁时上了计算机课，并一直使用互联网直至她 104 岁去世。

- 电子邮件中的"@"符号在丹麦语和瑞典语里叫"大象鼻子"，在德语里叫"蜘蛛猴"，在意大利语里叫"蜗牛"，在希伯来语里是"果馅卷饼"，在捷克语里是"腌鱼肉卷"（一种盐渍的鲱鱼卷）。

- 有的搜索引擎里可选的语言还包括了海盗语言、拉丁语（古罗马人的语言）和虚构的克林贡语。

12个我们熟悉又极易忽略的事物，有趣的现象里都藏着神奇的科学道理，让我们一起来探寻它们的奥秘吧！